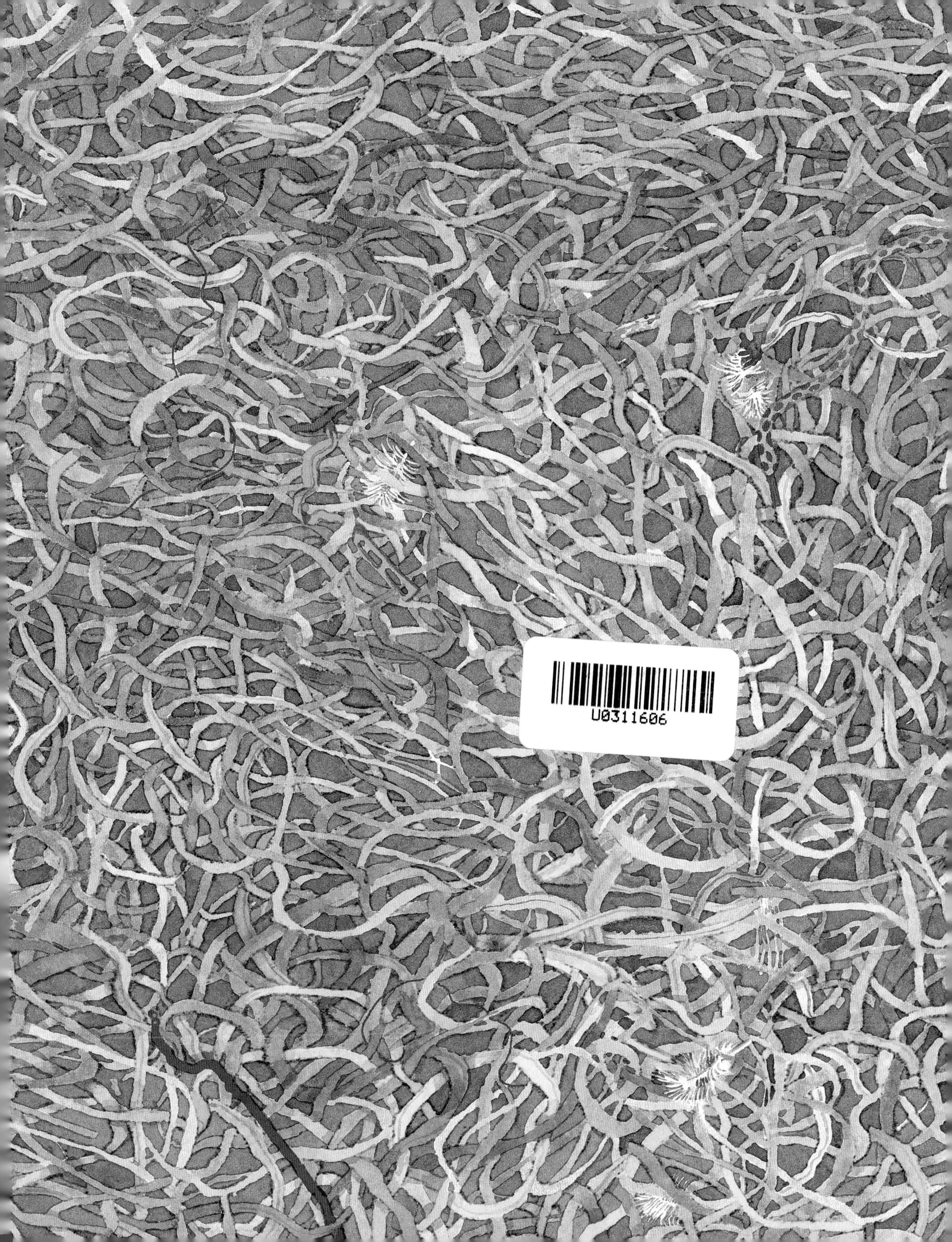
U0311606

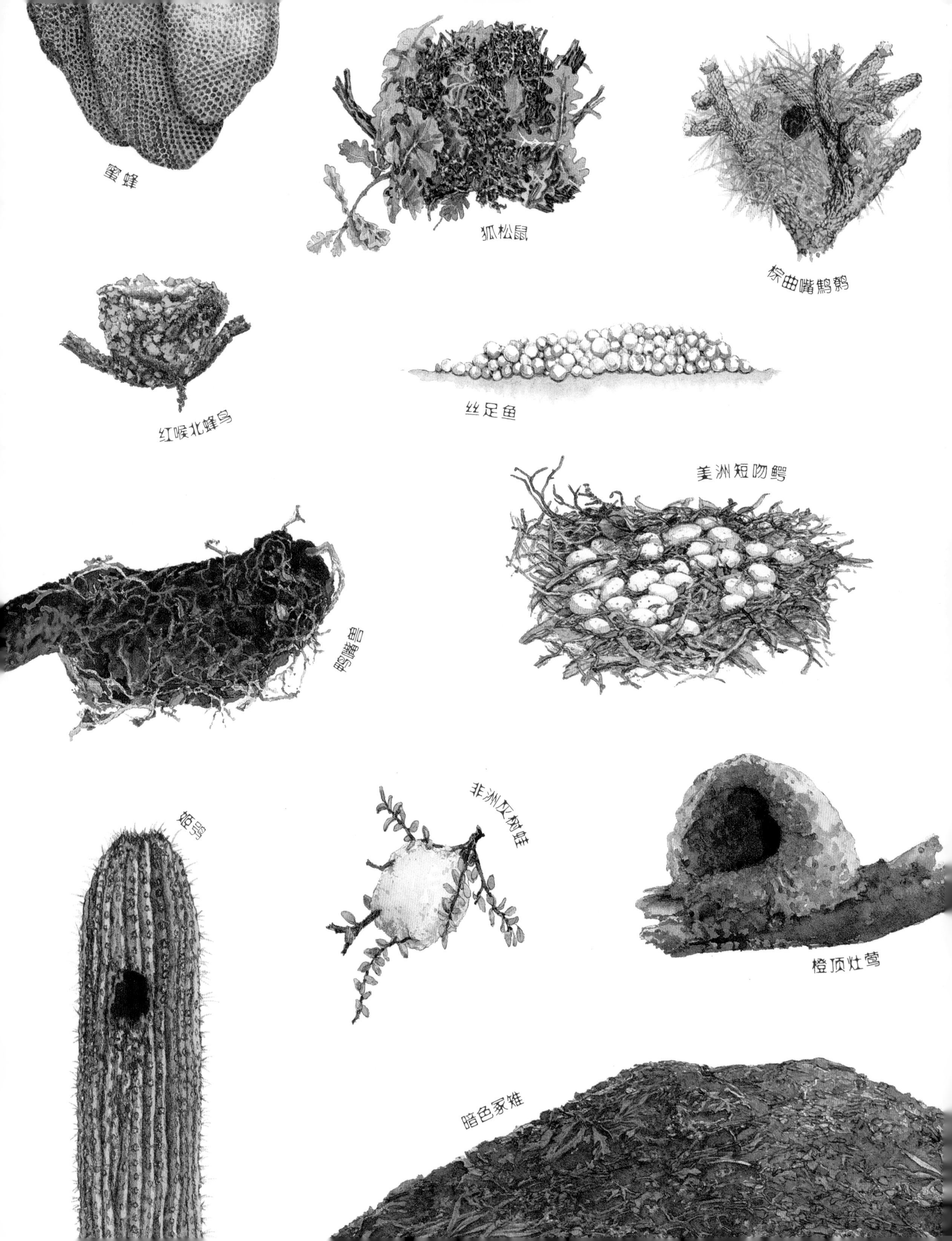

蜜蜂
狐松鼠
棕曲嘴鹪鹩
红喉北蜂鸟
丝足鱼
美洲短吻鳄
鸭嘴兽
姬鸮
非洲灰树蛙
橙顶灶莺
暗色冢雉

黄胸织布鸟
肯氏丽龟
吸蜜蜂鸟
黑尾土拨鼠
美洲红鹳
泥蜂
七鳃鳗
冠蓝鸦
白脸大黄蜂
红毛猩猩
金丝燕
行军蚁
白尾仙翡翠

献给丹尼和梅利莎，以及萨曼莎、麦迪逊和杰克逊。

——黛安娜·赫茨·阿斯顿

献给我的父亲和母亲——弗兰克和梅森·卡莱尔，他们成功地抚养了五只吵闹的小鸟。

——西尔维亚·朗

图书在版编目（CIP）数据

巢，如此喧闹 / (美) 黛安娜·赫茨·阿斯顿文；(美) 西尔维亚·朗绘；徐超译. -- 北京：海豚出版社，2018.9（2022.5重印）
（美丽成长）
ISBN 978-7-5110-2741-2

Ⅰ. ①巢… Ⅱ. ①黛… ②西… ③徐… Ⅲ. ①动物－儿童读物 Ⅳ. ①Q95-49

中国版本图书馆CIP数据核字(2018)第174720号

版权合同登记号：图字01-2022-1195

出 版 人 王　磊

项目策划 奇想国童书
责任编辑 王　然　薛　晨
特约编辑 李　辉
装帧设计 李困困　七　画
责任印制 于浩杰　蔡　丽
法律顾问 中咨律师事务所 殷斌律师

出　　版 海豚出版社
地　　址 北京市西城区百万庄大街24号 100037
电　　话 010-68996147（总编室）　010-64049180-805（销售）
传　　真 010-68996147
印　　刷 北京利丰雅高长城印刷有限公司
经　　销 全国新华书店及各大网络书店
开　　本 8开（635mm×965mm）
印　　张 5
字　　数 20千
版　　次 2019年1月第1版　2022年5月第2次印刷
标准书号 ISBN 978-7-5110-2741-2
定　　价 49.80元

巢，如此喧闹

[美] 黛安娜·赫茨·阿斯顿 文　[美] 西尔维亚·朗 绘
徐超 译

海豚出版社
DOLPHIN BOOKS
CICG 中国国际传播集团

巢，喧闹不已。

它是小宝宝们温暖的家。

叽叽叽……
红喉北蜂鸟

嗡嗡嗡……

嘶嘶嘶……

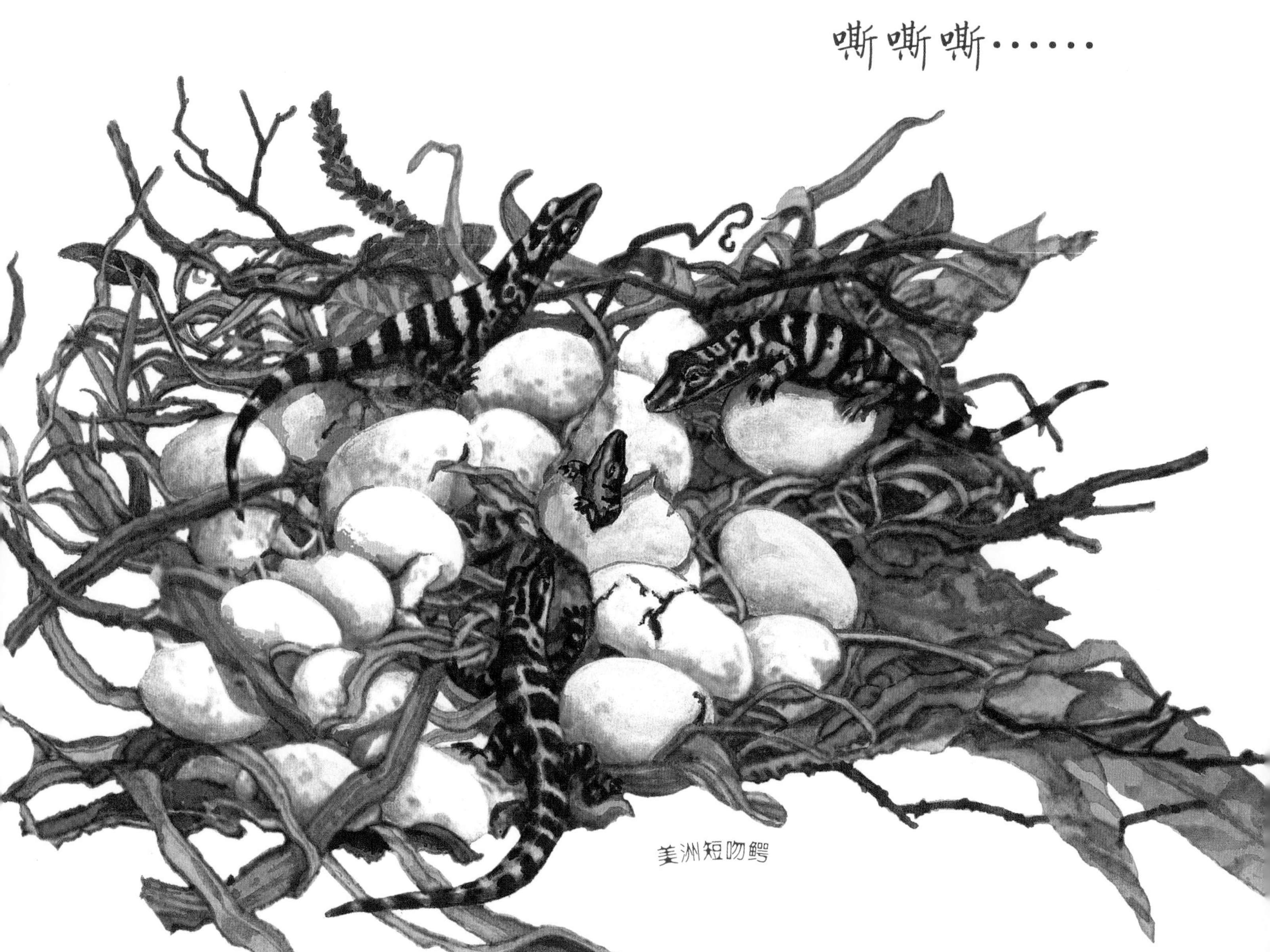

吱吱吱……

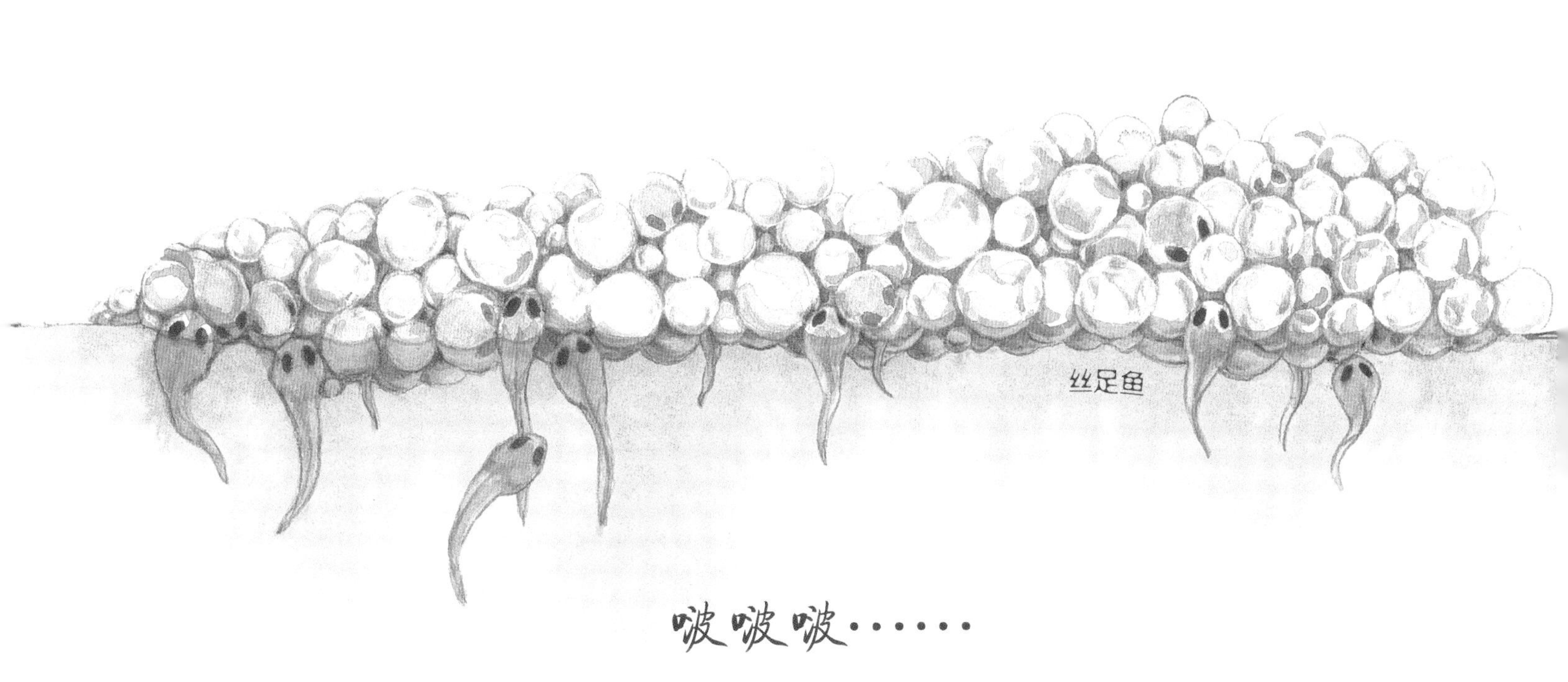

啵啵啵……

啵啵啵……

巢，舒适松软。

许多鸟儿会用树枝和嫩叶
为蛋宝宝们编织摇篮，并铺上青草、苔藓、
叶子纤维、动物毛发、毛茸茸的种子，
甚至蛇蜕下的老皮，让摇篮更加柔软舒适。
有些鸟儿还会捡拾人类丢弃的糖纸、
塑料袋、碎布片或者碎纸片放进摇篮里。

鸟类并不是唯一会筑巢的动物。
红毛猩猩每天晚上
都会爬到雨林里高高的树梢上，
用采集来的粗树枝搭好一张新的睡床，
然后铺上用细枝和嫩叶做成的床垫。
下雨的夜晚，
它们还会用叶子编成雨伞遮蔽风雨。

巢，或硕大无比……

暗色冢雉的巢是
世界上最大的鸟巢之一。
它由腐烂的细枝和嫩叶堆积而成，
直径通常会超过11米（36英尺），
高度则接近5米（16英尺）。

或纤小精致。

吸蜜蜂鸟

世界上最小的鸟巢是蜂鸟的巢。
它只有一个高尔夫球那么大，
通常是由蜘蛛丝缠绕着苔藓、地衣、
树皮以及落叶编织而成。
蜘蛛丝很有弹性，就算蜂鸟宝宝长大了，
鸟巢也不会被撑破。

[1] 图中标尺上的英寸为美国长度计量单位，1英寸约为2.54厘米。

巢，刺儿尖尖……

姬鸮和棕曲嘴鹪鹩喜欢把巢
建在长有许多尖刺的地方，
这样就可以躲避蛇或其他饥饿的捕食者。

坚韧如纸……

大黄蜂、小黄蜂和胡蜂
会从干枯的树枝上刮下纤维，
并将纤维嚼成一团团类似糨糊的东西。
这些类似糨糊的东西风干后
便成了坚韧的、像纸片一样的材质。
白脸大黄蜂的蜂王会用这些材料
为它的每一颗卵建造房间。

卵石铺就……

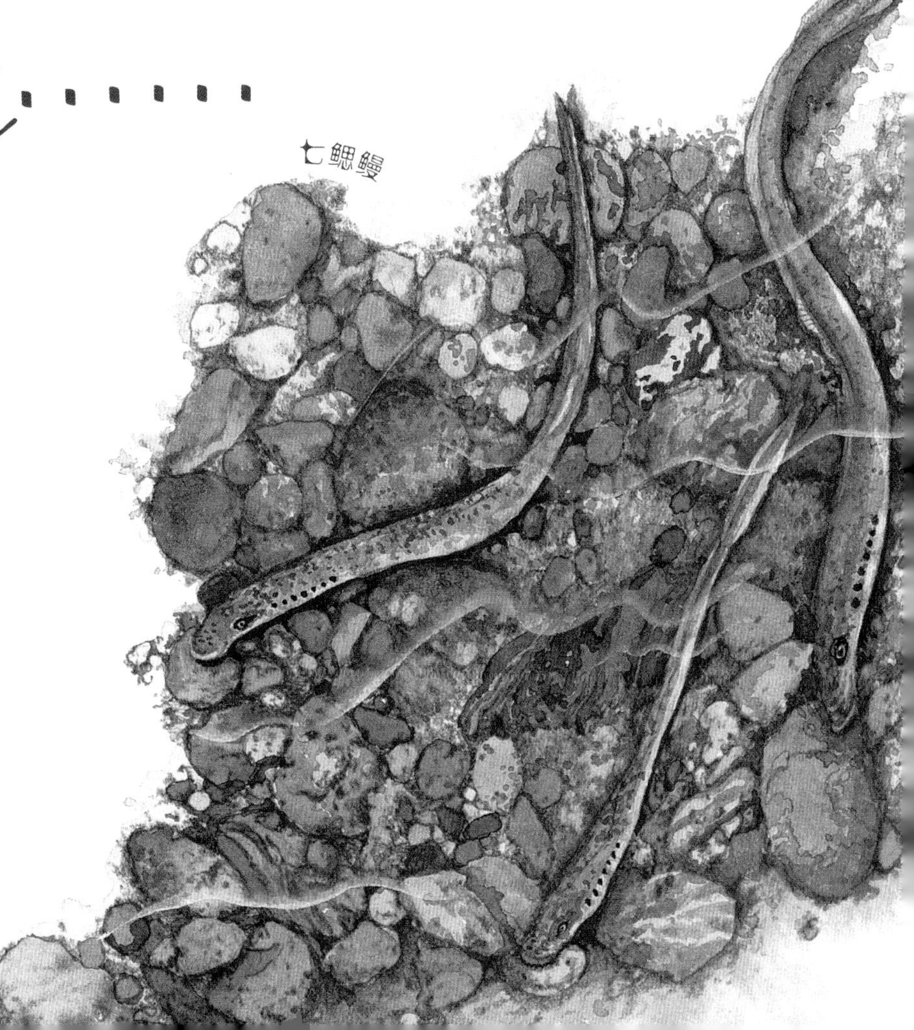

七鳃鳗用吸盘一样的嘴
将一颗颗如同豌豆、胡桃，
甚至棒球般大小的鹅卵石搬到
河床浅滩处，
搭出一块专供自己产卵的区域。
产完卵后，
它们还会搬来更多的鹅卵石，
掩盖住刚刚产下的卵。

甚至泡泡

非洲灰树蛙

非洲灰树蛙爱在水塘上方的枝条上
为自己的卵建造一个泡泡巢。
雌蛙从身体里面分泌出一种黏黏的液体，
然后用后腿将液体搅拌成一团黏糊糊的泡泡。
经过阳光照射，泡泡凝固成形似蛋白糖霜一样的壳。
几天后，当小蝌蚪们从卵中孵化出来，
泡泡巢便会融化分解。住在里面的小蝌蚪就落进水塘里，
并在那儿觅食，成长，最后变成一只只漂亮的树蛙。

聚成！

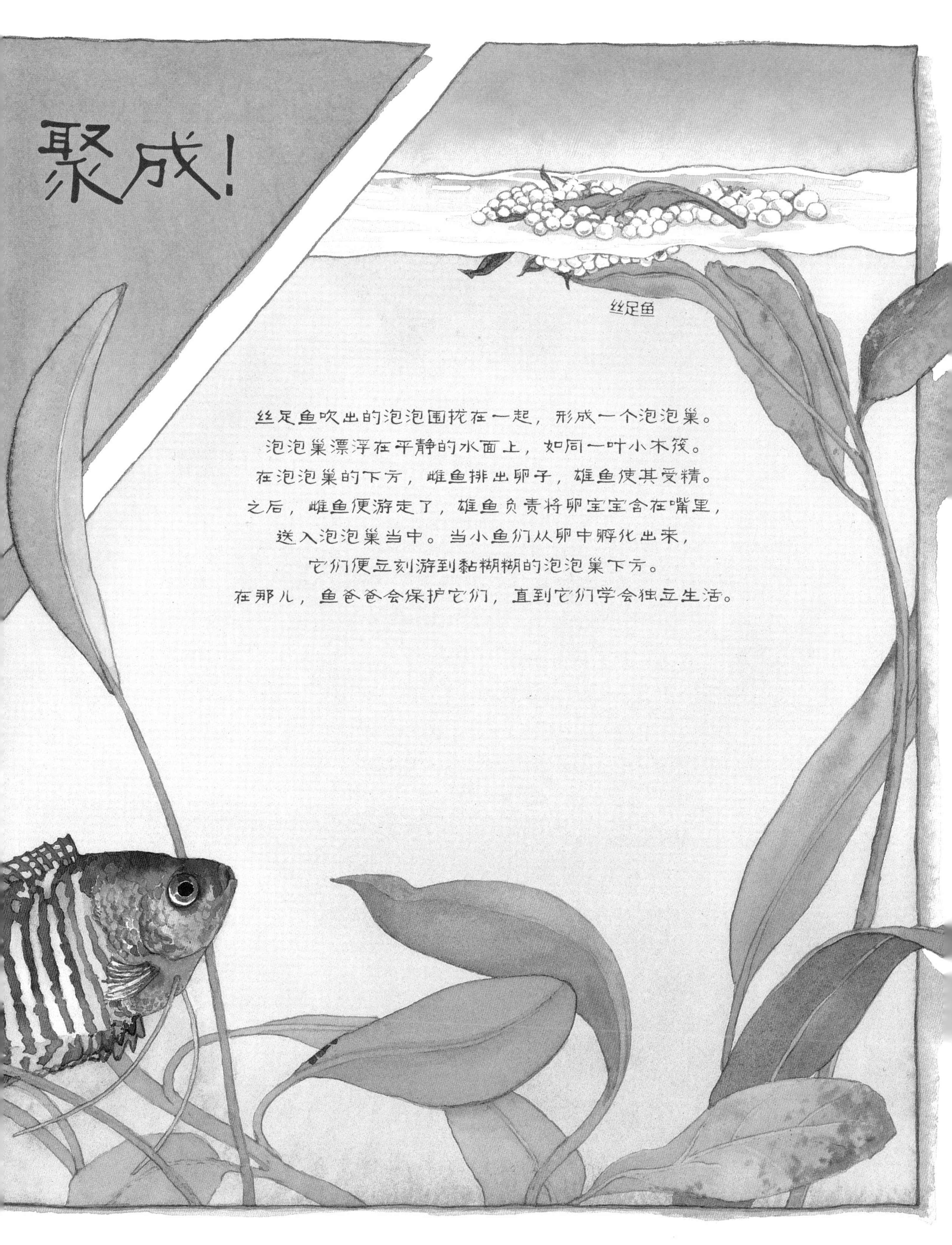

丝足鱼吹出的泡泡围拢在一起，形成一个泡泡巢。
泡泡巢漂浮在平静的水面上，如同一叶小木筏。
在泡泡巢的下方，雌鱼排出卵子，雄鱼使其受精。
之后，雌鱼便游走了，雄鱼负责将卵宝宝含在嘴里，
送入泡泡巢当中。当小鱼们从卵中孵化出来，
它们便立刻游到黏糊糊的泡泡巢下方。
在那儿，鱼爸爸会保护它们，直到它们学会独立生活。

有些南美橙顶灶莺会使用大量的泥巴和黏土粒，
搭建一种看上去很像灶台的巢。
在阳光的“烘烤”下，
鸟巢成为非常适宜孵化鸟蛋的温馨之家。

巢，温暖

短吻鳄利用泥巴和腐烂的植物在地面上
堆起一个厚厚的垫子，接着在垫子中间挖出一个大洞，
它就在这个大洞里面产下自己的蛋。
然后，它用前肢和下颚在洞口铺上大量的植物，
保证蛋宝宝们暖暖地待在里面，直到小鳄鱼
“吱吱”叫着孵化出来。
短吻鳄的性别是由巢里面的温度决定的。

无比。

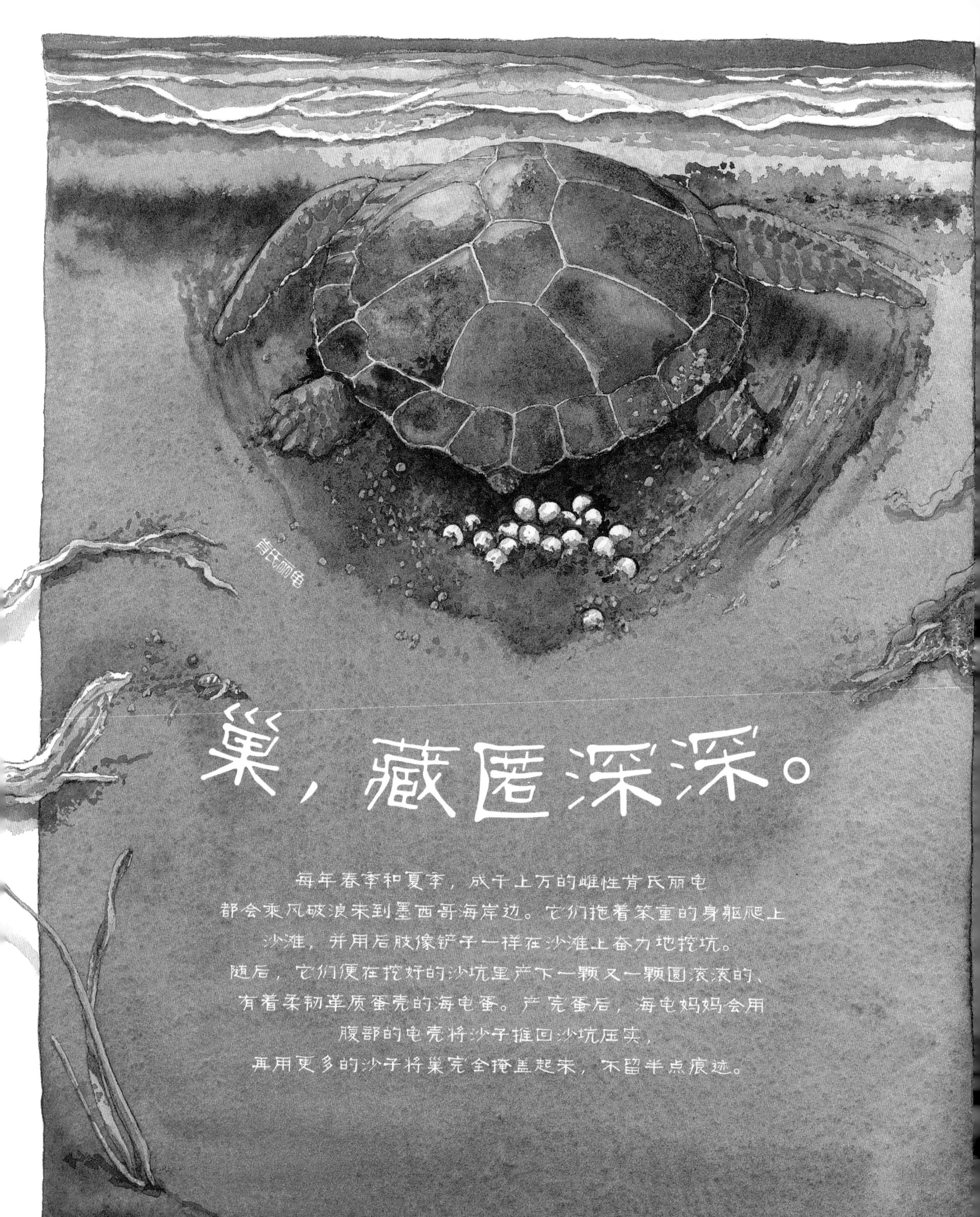

巢，藏匿深深。

每年春季和夏季，成千上万的雌性肯氏丽龟
都会乘风破浪来到墨西哥海岸边。它们拖着笨重的身躯爬上
沙滩，并用后肢像铲子一样在沙滩上奋力地挖坑。
随后，它们便在挖好的沙坑里产下一颗又一颗圆滚滚的、
有着柔韧革质蛋壳的海龟蛋。产完蛋后，海龟妈妈会用
腹部的龟壳将沙子推回沙坑压实，
再用更多的沙子将巢完全掩盖起来，不留半点痕迹。

世界上只有两种哺乳动物会产卵，
其中之一便是鸭嘴兽。它们沿着河床挖掘隧道
或是地洞，用尾巴将湿润的植物卷起来，
带到洞穴深处筑巢，然后在巢里面产下
弹珠般大小的软壳蛋。之后，鸭嘴兽妈妈就用泥土
把巢穴的通道堵上，这样蛋宝宝们
就不会受到河水上涨、气温变化或捕食者的威胁。

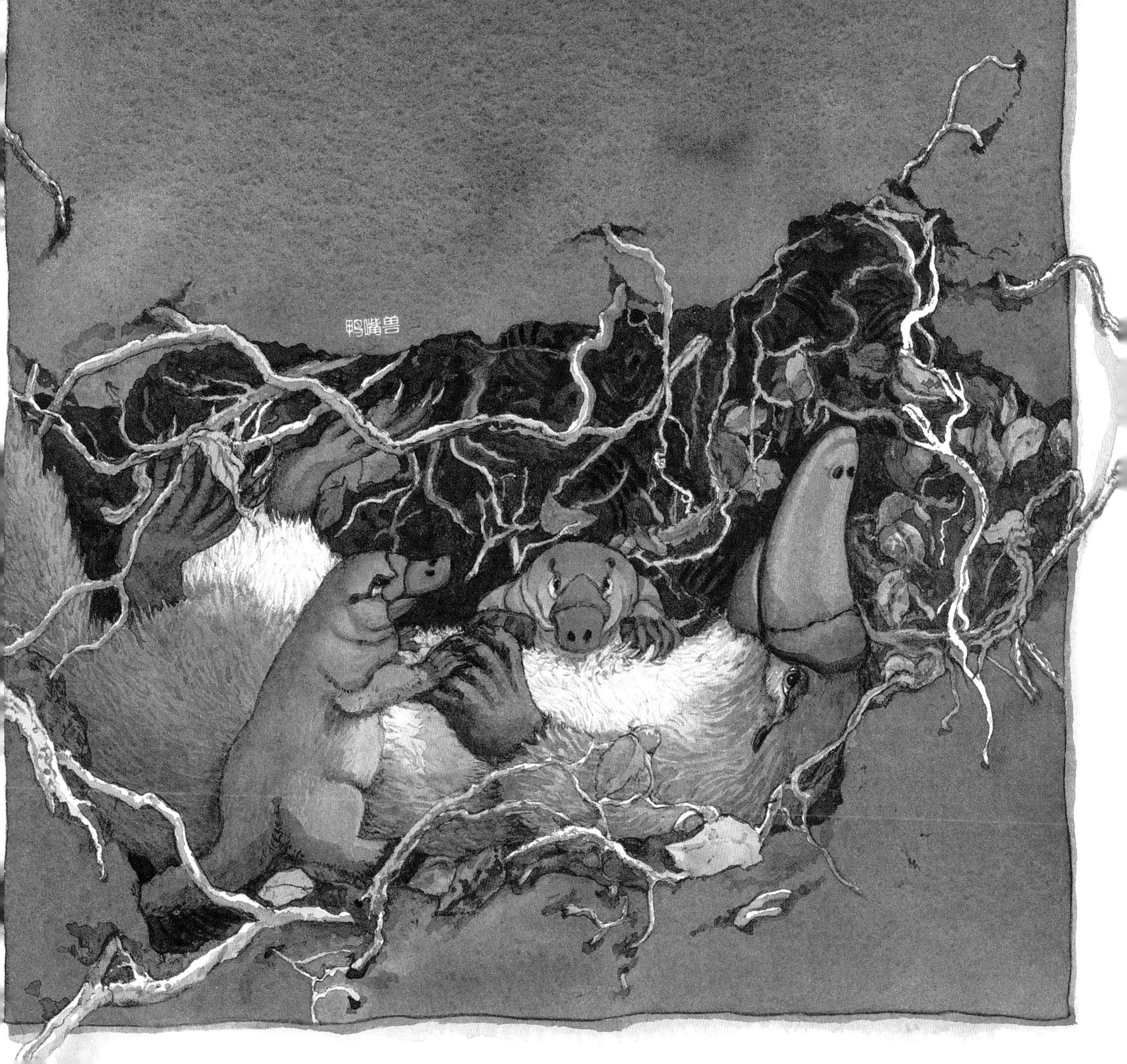

巢，守望邻里。

群居往往意味着安全。有些动物将巢建在一起，
当捕食者接近时，
就有更多的眼睛和耳朵可以及时发现危险。

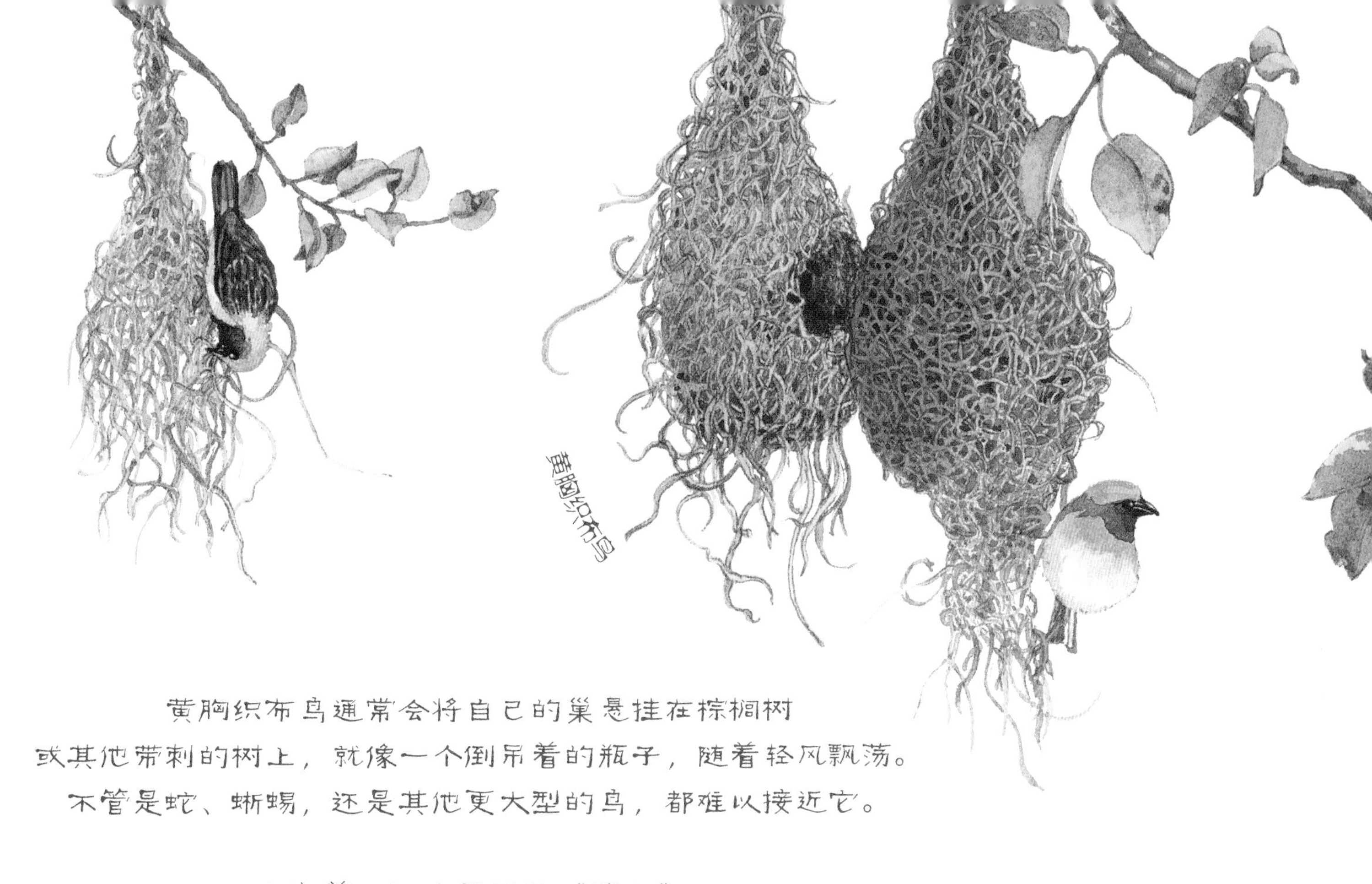

黄胸织布鸟通常会将自己的巢悬挂在棕榈树
或其他带刺的树上，就像一个倒吊着的瓶子，随着轻风飘荡。
不管是蛇、蜥蜴，还是其他更大型的鸟，都难以接近它。

在有着上百个居民的“镇上”，
黑尾土拨鼠在宛如迷宫的地道中，用青草铺设自己的房间。
当有捕食者靠近时，土拨鼠会叫着通知自己的邻居们：
危险来临了！

行军蚁没有固定的蚁穴。需要休息时，
成千上万的行军蚁就会脚搭着脚、头搭着头连成一串，
再紧紧地围抱成一个大大的蚂蚁球，
悬挂在树枝上。蚂蚁球的内部是蚁后、蚁卵
以及刚刚孵出来的幼虫们的“卧室”。
此外，蚂蚁球里面还储藏着许多粮食。

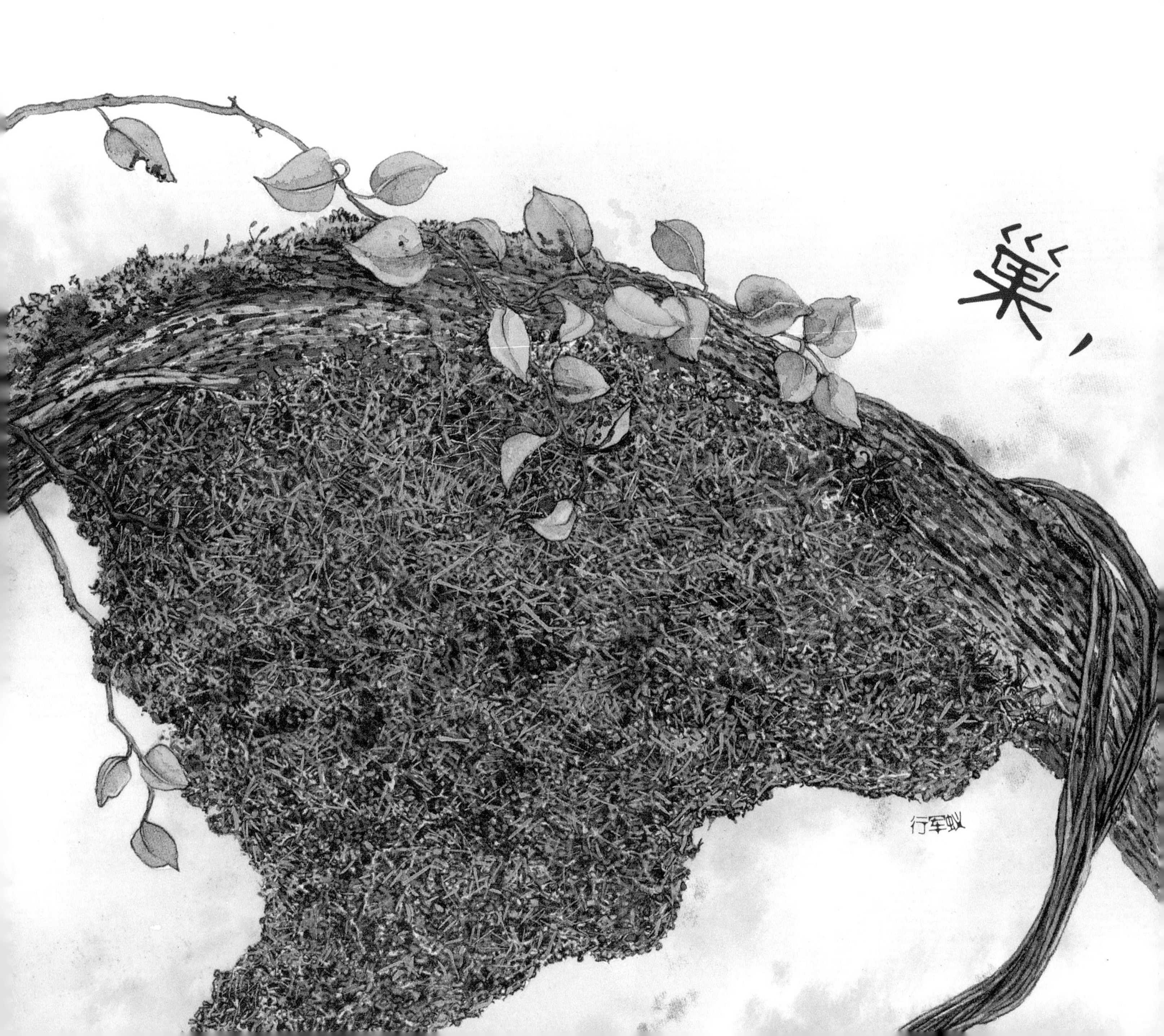

千奇百怪。

金丝燕的巢完全是用自己的唾液建成的。
雄性金丝燕一边来回摇着头，一边将长长的、
如珍珠般洁白的唾液涂抹到洞穴的墙壁上。唾液接触到空气，
就会凝固成如同镶蕾丝边的碗形鸟巢。用金丝燕的巢做成的燕窝汤，
是供人类食用的最昂贵的美食之一。

巢，

泥巴点点。

红鹳（火烈鸟）用泥巴、青草和石头堆起一座大约30厘米（12英寸）高的土堆，然后在土堆顶部的坑洼中产下唯一的一枚鸟蛋。这个高度可以让鸟蛋远离上涨的水面和晒得过热的地面。红鹳爸爸和红鹳妈妈共同哺育自己的宝宝，它们会从消化道中分泌出一种“嗉囊乳”来喂养幼鸟，直到幼鸟长大离开巢穴。

巢，热心收养。

有些动物会选择
在其他动物的巢穴里哺育下一代。
燕八哥和杜鹃都爱把鸟蛋产在其他鸟类的巢里，
孵化鸟蛋和养育雏鸟的任务
也交给其他的鸟妈妈来完成。

白尾仙翡翠则会像鱼雷一样俯冲至白蚁的巢穴，
用自己的喙将坚硬的蚁巢撞出一个洞
（有些鸟甚至会在这样的撞击中死去），
然后开拓出一条通往蚁穴内室的通道，
并将蛋产在里面。
白蚁会从里面封锁通道，
这样双方的巢穴便会分隔开。

白尾仙翡翠

巢，如此喧闹……

和小宝宝们一起

嗡嗡嗡，

沙沙沙，

吱吱吱，

哒哒哒……

不久以后，小宝宝们就会长大，飞向天空，

游向大海，爬向远方……

而巢，将变得……

安安静静。

红喉北蜂鸟
鸭嘴兽
冠蓝鸦
黄胸织布鸟
暗色家雉
白尾仙翡翠
行军蚁
丝足鱼
肯氏丽龟
狐松鼠
白脸大黄蜂
美洲短吻鳄

姬鸮
非洲灰树蛙
橙顶灶莺
黑尾土拨鼠
蜜蜂
金丝燕
吸蜜蜂鸟
棕曲嘴鹪鹩
红毛猩猩
美洲红鹳
泥蜂
七鳃鳗

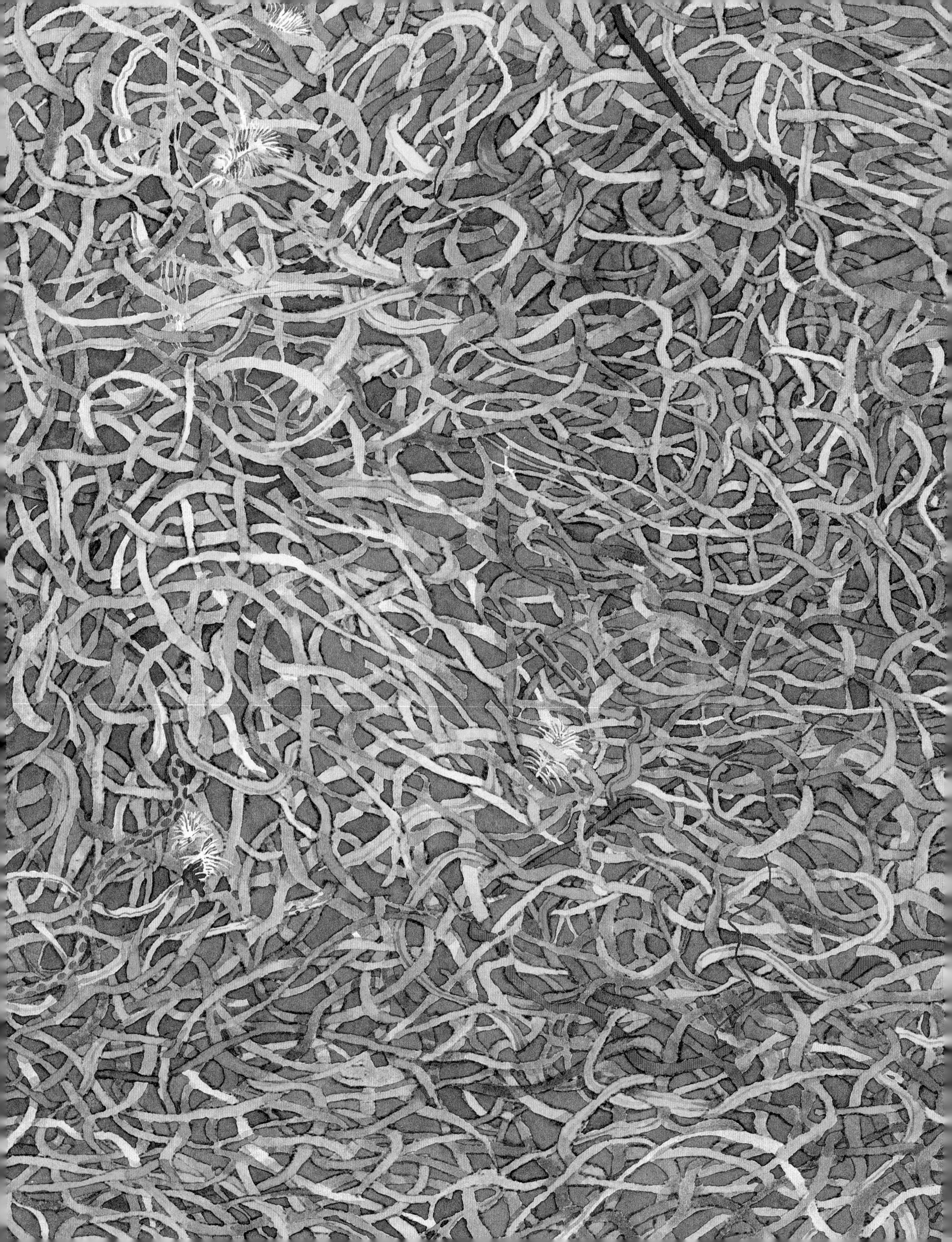